PROJET DE CRÉATION

D'UN

Enseignement Pratique

de Chimie Industrielle

A L'UNIVERSITÉ DE CLERMONT

V. THOMAS

MAITRE DE CONFÉRENCES A LA FACULTÉ DES SCIENCES

CLERMONT-FERRAND

Imprimerie Typographique " La Laborieuse "

18, Place de Jaude, 18

1906

PROJET DE CRÉATION

Enseignement Pratique

de Chimie Industrielle

A L'UNIVERSITÉ DE CLERMONT

V. THOMAS

Maitre de Conférences a la Faculté des Sciences

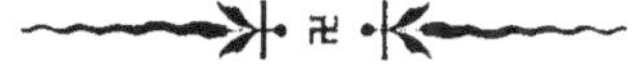

CLERMONT-FERRAND

Imprimerie Typographique " La Laborieuse "

18, Place de Jaude, 18

1906

PROJET DE CRÉATION

D'UN

Enseignement Pratique de Chimie Industrielle

A l'Université de Clermont

La création des Universités a apporté dans la vie régulière des Facultés une transformation profonde. Tandis que sous l'ancien régime, les Facultés étaient en quelque sorte sous la tutelle directe de l'Etat, l'Université, c'est-à-dire l'ensemble des Facultés régionales, est maintenant pourvue de tous les droits de la personnalité civile ; l'Université reçoit, par exemple, les droits versés par les étudiants et gère, suivant son droit, tous ses revenus. C'est une société... scientifique qui a tous les droits et aussi tous les devoirs d'une société industrielle.

Par contre, par suite même de cette indépendance, l'Université ne peut plus compter aussi largement sur l'Etat, comme le faisaient si volontiers les anciennes Facultés : elle doit compter avant tout sur elle-même ; son développement est lié d'une façon étroite à l'activité de tous les siens. Il en est résulté immédiatement, dans les centres les plus avisés, une orientation plus pratique de l'enseignement répondant aux besoins régionaux.

Cette orientation a donné des résultats indiscutables, puisque dans les Universités où l'enseignement pratique a été rationnellement organisé, ces enseignements comportent un nombre d'étudiants considérable :

LYON. Nombre total des étudiants (1) 250

Se répartissant en
- Chimie industrielle......... 89
- Etudes électrotechniques... 1
- Etudes agronomiques 1

    91

Sciences pures 159

NANCY. Nombre total des étudiants (1) 524

Se répartissant en
- Chimie industrielle......... 112
- Brasserie.................. 32
- Etudes électrotechniques... 206
- Institut agricole........... 11
-   — colonial........... 9

    370

Sciences pures 128

LILLE. Nombre total des étudiants (1) 148

Se répartissant en
- Chimie industrielle......... 20
- Ingénieurs électriciens...... 17

    37

Sciences pures 111

BORDEAUX. Nombre total des étudiants (1) 117

- Chimie industrielle.................. 36
- Sciences pures 81

---

(1) Étudiants en médecine déduits, au 1er janvier 1907.

La loi de 2 ans enlèvera certainement aux Facultés un grand nombre d'étudiants. Elle éloignera tous ceux qui, dans la préparation d'un diplôme, ne cherchaient qu'un moyen commode..., peut-être utile même, d'être dispensés de 2 années de service militaire. La loi de 2 ans ne déterminera par suite qu'un abaissement du nombre d'étudiants en sciences pures, sans affecter sensiblement le nombre des étudiants poursuivant des études pratiques dans le but de se caser ultérieurement dans l'industrie. Il nous semble que toutes les Facultés qui ne feraient pas dès maintenant tous leurs efforts pour tenter l'organisation de ces enseignements pratiques, se contraindraient d'elles-mêmes à végéter ou à disparaître.

Il est regrettable de constater que les applications chimiques proprement dites n'aient pas, jusqu'à ce jour, attiré l'attention de l'Université d'Auvergne. Clermont, dont l'accroissement rapide est lié si intimement au développement de ses industries, Clermont, dont la suprématie ne saurait être contestée par aucune autre ville du ressort académique (1), Clermont qui, par sa situation géographique, est et doit rester l'Université du Centre, Clermont paraît avoir complètement oublié le rôle important que l'activité de ses industriels et ses universitaires pourraient lui faire jouer.

L'organisation d'un service de chimie industrielle ne peut être aujourd'hui tentée avec quelque chance de réussite que grâce à une entente complète entre les industriels et l'Université. Cette collaboration n'est réalisable, à notre avis, que si les intérêts de tous les collaborateurs sont les mêmes, et en particulier si les intérêts industriels, comme les intérêts universitaires, exigent le développement rapide du chef-lieu académique.

Or Clermont est en même temps le centre universitaire et le centre industriel de la région d'Auvergne, et les industries sont chez nous suffisamment développées pour permettre non seulement la création, mais le succès d'un enseignement essentiellement pratique approprié aux besoins de la région.

Les encouragements unanimes que nous avons rencontrés auprès des différents industriels, le concours moral... et financier même que spontanément plusieurs d'entre eux nous ont offert, nous ont permis de considérer cette création comme... réalisable.

Il nous a paru dès maintenant nécessaire de préciser : 1° le but de ce nouvel enseignement et par suite même le programme d'études; 2° les ressources nécessaires pour cette création.

But du nouvel enseignement.

Le but visé est de former des jeunes gens possédant: 1° en chimie, des connaissances pratiques générales leur permettant de s'initier rapidement aux diverses opérations de la pratique industrielle. Durée de l'enseignement, 2 ans — avec examen éliminatoire à la fin de chaque année d'études; 2° la technique journalière relative à diverses industries intéressant particulièrement la région, et qu'ils ne sauraient acquérir à l'heure actuelle dans les autres Universités françaises, mais seulement dans diverses écoles de l'étranger. Durée de l'enseignement, 1 an.

La 3ᵉ année d'études serait donc exclusivement consacrée aux opérations industrielles concernant un nombre très restreint d'industries; parmi ces industries nous proposons :

    1. Le caoutchouc;

    2. Le papier;

    3. La teinture des filés laine et soie pour tapisserie.

Cette 3ᵉ année serait une véritable école pratique installée sur le modèle des " Technicum " suisses et allemands (écoles professionnelles). Nous estimons que le programme de ces écoles pratiques devrait être fixé par les

---

(1) L'Académie comprend le Puy-de-Dôme, la Haute-Loire, la Corrèze, le Cantal, la Creuse et l'Allier.

industriels ayant participé à la fondation, chaque section fonctionnant sous leur surveillance directe.

A la fin de la 3e année, il serait délivré un diplôme de Chimiste (1).

Programme.

Afin de montrer comment nous comprenons cet enseignement pratique, nous donnons plus loin un programme détaillé des 2 premières années et aussi un projet de programme pour chacune des sections de 3e année.

Il nous suffit d'indiquer ici que cet enseignement sera surtout donné au laboratoire :

	1re Année	2e Année	3e Année
Heures de cours par semaine...	5 h	4 h	2 h
— de Laboratoire............	30 h	31 h	42 h

L'enseignement sera complété par des visites d'usines.

Ressources nécessaires pour l'installation.

La création de ce service nécessitera la construction d'un bâtiment spécial, et l'aménagement des différents locaux.

1o Bâtiment et aménagement des 2 premières années.

Construction (d'après devis) :
Aménagements intérieurs :
Achat du terrain :

2o Aménagement de la 3e Année.

Aménagement du laboratoire :
Installation électrique (d'après devis) :
Appareils généraux (section commune) :
Section caoutchouc :
Section papier :
Section teinture :

Il est permis de penser que les dépenses afférentes à la construction et à l'aménagement des 2 premières années pourraient être trouvées sans le concours des industriels, si ceux-ci s'engageaient à pourvoir à l'aménagement de la 3e année d'étude, année exclusivement industrielle (2).

---

(1) Ce diplôme ne pourrait être délivré qu'aux étudiants ayant obtenu dans le courant de leurs études une moyenne des notes suffisamment élevées. Pour l'obtention de ce diplôme, ils devront de plus subir un examen portant sur les matières étudiées dans chaque section. Le jury comprendra : 1° un industriel désigné dans chaque section par les membres fondateurs ; 2° le directeur du Laboratoire de Chimie industrielle ; 3° le professeur de Physique industrielle de la Faculté.

(2) Il nous paraît utile de rappeler ici que Nancy n'a dû son développement qu'à la générosité de tous les établissements de la région.

D'après les chiffres officiels figurant dans le rapport du budget général de l'Instruction publique 1905, l'Université a reçu pour la construction et l'aménagement de ses laboratoires de Sciences appliquées, des donations s'élevant à la somme de 467.551 francs. Parmi les donateurs figurent tous ceux portant intérêt au développement du commerce et de l'industrie de la région nancéienne. Citons, au hasard :

Etablissements de Chauny, Saint-Gobain et Cirey	20.000 fr.
Verreries de Portieux et Valerysthal	10.000 —
Cristalleries de Baccarat	10.000 —
Etablissements Solvay et Cie	220.500 —
Société Anonyme des Hauts-Fourneaux et Fonderies de Pont-à-Mousson	10.000 —
Lederlin et Cie (Thaon)	10.500 —
Société Générale de Nancy	1.000 —
Crédit Lyonnais de Nancy	1.000 —
Banque d'Alsace-Lorraine (Nancy)	2.000 —
Banque Ley-Mees (Nancy)	2.000
Banque Renauld et Cie (Nancy)	5.000 —
Compagnie du Gaz (Nancy)	10.000 —
Société Générale des Tramways (Nancy)	1.000 —
M. Grosdidier, député	5.000 —

Budget d'entretien.

Les frais d'entretien des laboratoires seront couverts par les droits de laboratoires versés par les étudiants.
(Voyez plus loin, frais d'études).

Personnel.

L'enseignement sera assuré par le personnel affectué actuellement au service du P. C. N., à savoir :

Maître de conférences ;
Chef des travaux ;
Préparateur.

Il nous semblerait équitable de voir rémunérer le personnel, d'après un principe depuis longtemps admis en Allemagne, et basé sur le prélèvement d'un pour cent déterminé sur les sommes versées au laboratoire par les étudiants et les chercheurs.

Dans le cas de construction isolée, la garde serait assurée par le garçon actuel, qui est marié. Il pourrait être logé, sa femme remplissant les fonctions de concierge.

PROGRAMME DES COURS ET CONFÉRENCES

Chimie industrielle proprement dite.

Cours professé complètement en 2 ans, soit 125 leçons environ.

Etat naturel des différents éléments. L'eau.
Sel marin, soude et chlore électrolytique.
Calcaires : chaux, ciments, mortiers; chlorures de chaux.
Chlorate et perchlorate.
Acide fluorhydrique, fluorures et fluosilicates.
Soufre, gaz sulfureux, anhydride et acide sulfurique.
Chlorure de soufre.
Sulfate de soude, soude, carbonate, sodium.
Azote, son cycle; ammoniaque, sels ammoniacaux (matières de vidange).
Nitrate, acide azotique.
Phosphore, phosphates, chlorures et oxychlorures de phosphore, pentasulfure.
Carbone, oxyde de carbone; sulfure; tétrachlorure. — Combustibles.
Chauffage. Eclairage par incandescence.
Distillation du bois, acide acétique, créosote.
Distillation de la houille; gaz d'éclairage, traitement des eaux vannes et des matières d'épuration. — Cyanures et ferrocyanures.
Pétrole, paraffine ; huiles lampantes et lubrifiantes.
Corps gras ; bougies, glycérine, savons; huiles diverses.
Explosifs.
Parfums, huiles essentielles.

Métallurgie : zinc, fer, étain, bismuth, antimoine, plomb, nickel, mercure, métaux précieux ; composés industriels de ces différents métaux.
Electrochimie : magnésium, aluminium. — Cuivre électrolytique : principaux composés.
Four électrique et aluminothermie : chrome, manganèse; principaux composés.
Matières colorantes minérales : généralités.
Verres, porcelaines, grès.
Hydrates de carbone : sucre, alcool, liqueurs distillées et fermentées, fécule, amidon, pâtes alimentaires.
Cellulose, soies artificielles, papier.
Gommes, résines, vernis à l'alcool, huiles siccatives, vernis gras.
Colles et gélatines.
Tannerie. — Extraits tannants; extraits tinctoriaux.
Fibres textiles. Blanchiment.
Distillation du goudron de houille : matières colorantes artificielles, teinture, impression.
Généralités sur les produits pharmaceutiques.
Généralités sur quelques produits alimentaires : chocolat, fruits confits.
Généralités sur le commerce des produits chimiques et la législation industrielle. — Les périodiques industriels en France et à l'étranger. Bibliographie générale.

Chimie analytique.

Cours professé en 2 ans, soit 60 leçons environ.

Analyse qualitative: volumétrie, gazométrie, saccharimétrie, spectroscopie, colorimétrie.
Analyse gravimétrique : méthode générale de séparation des divers éléments. — Analyse des gaz. — Analyse organique.
Analyses industrielles : contrôle de fabrication.
Métallographie microscopique.

Chimie générale.

(Cours du P. C. N. pour les étudiants de 1re Année).

Différentes formes de l'énergie : énergie chimique.
Molécules et poids moléculaires, atomes.
Notion de l'affinité : thermochimie.
Valence.
Coefficient de solubilité.
Osmose et dialyse; diffusion; colloïdes.
Catalyse : ferments et diastases.
Équilibres chimiques.
Le carbone tétraédrique; hémiédrie; carbone asymétrique, pouvoir rotatoire.
Électrolyse, théorie des ions.
Étude des principaux métalloïdes et de leurs composés.

État naturel des métaux : principes de classification.
Principes généraux de métallurgie.
Métaux alcalins et composés.
Calcaires et sels de chaux.
Magnésium et zinc, composés. — Aluminium.
Le groupe du fer. — Métaux lourds et métaux précieux.
Alliages, eutéxie.

Carbures d'hydrogène, dérivés chlorés, bromés et iodés.
Utilisation des halogénures alcooliques dans la synthèse organique.
Alcools, généralités ; produits d'oxydation : aldéhydes, cétones, acides.
Éthérification et saponification : corps gras.
Amines grasses.
Benzine, naphtaline; dérivés nitrés, sulfonés, halogénés.
Phénols. quinones. — Aldéhyde benzoïque, acides. — Terpènes, camphre.
Amines, propriétés caractéristiques, dérivés azoïques.
Bases organiques.

PROGRAMME DES MANIPULATIONS

PREMIÈRE ANNÉE

Préparations.

Purification des corps solides :
    Cristallisation de l'acide oxalique. Purification de l'acide acétique par fusion et cristallisation fractionnées. Sublimation de la naphtaline.
Préparation de quelques gaz importants :
    Hydrogène, oxygène, gaz chlorydrique, gaz sulfureux, chlore.
Chlorures de soufre, chlorure de sulfuryle, trichlorure d'iode.
Anhydride sulfurique par le procédé de contact; cristaux des chambres de plomb, monochlorydrine sulfurique.
Acide phosphorique à partir des os par calcination; préparation du phosphate de soude; préparation d'un superphosphate à partir d'un phosphate naturel; extraction de l'osséine des os.
Oxyde azotique; acide azotique; réduction à l'état d'oxyde nitrique; principe des dosages gazométriques : nitromètre de Lunge, dosage d'acide nitrique par les sels ferreux.
Distillation des eaux vannes : préparation de quelques sels ammoniacaux.
Hyposulfite de soude et sulfure de sodium : préparation; action de l'hyposulfite sur les sels d'or et les sels d'argent : fixage photographique.
Calcaire : préparation de la chaux; chlorures décolorants.
Hypochlorite et chlorate de potasse par électrolyse.

Déplacement d'un métal par un autre métal, dans une dissolution d'un de ses sels : virage photographique.

Raffinage électrolytique du cuivre.

Préparation de l'antimoine; sulfure d'antimoine, sel de Haen.

Sel d'étain, bichlorure commercial.

Cuisson de la pierre à chaux ; alun à partir de la bauxite et de l'alunite.

Chromates de soude et de plomb à partir du fer chromé.

Chlorure de platine, amiante platinée ; chloroplatinite de potassium ; préparation des papiers au platine (photographie).

Argenture, dorure, cuivrage, nickelage, étamage, fer galvanisé.

Analyses.

Analyse qualitative : recherche des constituants dans un mélange liquide ou solide..

Principe des dosages volumétriques: préparation des liqueurs titrées, acides chlorhydrique, sulfurique et oxalique ; soude, potasse et carbonate de soude.

Vérification des liqueurs titrées par gravimétrie : chlorure d'argent, sulfate de baryte, oxalate de chaux, chloroplatinate de potassium, sulfate de soude.

Essai des soudes et des potasses commerciales ; dosage des sels ammoniacaux ; dosage, dans un salin de betterave, de la potasse et de l'azote.

Chlorométrie et iodométrie. Essai des oxydes de manganèse; dosage d'un sulfure, dosage du soufre dans les charrées de soude ;

Ferrométrie : dosage du fer et du manganèse dans un minerai : méthode générale d'insolubilisation de la silice.

Titrage d'un chlorure décolorant (chlorure de chaux).

Dosage de chaux, magnésie et silice dans un calcaire.

Dosage électrolytique du cuivre; analyse d'une monnaie.

Principes de dosage et de séparation du fer, de l'alumine, du manganèse et du chrome.

Analyse d'une pyrite de fer.

Analyse d'une marne, d'une argile, d'une bauxite.

Dosage d'argent et d'or (coupellation).

DEUXIÈME ANNÉE

Préparations.

Purification des corps liquides :

Distillation fractionnée: benzine commerciale, rectification de l'alcool.

Distillation sous pression réduite : distillation de l'huile de ricin et rectification de l'œnanthol.

Détermination de quelques constantes physiques :

Cryoscopie, ébullioscopie ; densité des solides, des liquides ; densité de vapeur ; indice de réfraction de quelques liquides.

Exemples de fermentation :

Transformation du sucre en alcool;

Culture du bacillus subtilis et préparation de l'alcool butylique;

Acétification : transformation du vin en vinaigre.

Exemple de nitration: préparation de la nitrobenzine ; réduction des dérivés nitrés : aniline.

Exemple de sulfonation: benzènedisulfonate de potassium; transformation d'un dérivé sulfoné aromatique en phénol par fusion alcaline.

Exemples d'halogénation : bromure d'éthylène et chlorure de benzyle; chloruration et oxydation simultanées: préparation du chloral ; chloroforme.

Exemples d'oxydation : préparation de l'acide valérianique (oxydation de l'alcool par le bichromate de soude), valérianate d'ammoniaque ; oxydation d'une cétone (essence de rue) ; oxydation de l'œnanthol par l'acide azotique ; préparation de l'aldéhyde benzoïque, préparation du piperonal (oxydation de l'isosafrol).

Exemples d'éthérification : acétate d'éthyle, benzoate de benzyle (procédé Claisen), préparation de la jacinthe.

Ethers-oxydes : éther anhydre ; néroline.

Exemples de condensation : acide cinnamique (procédé de la Badische) ; formation des dérivés du triphénylméthane par les organo-magnésiens de Grignard et la méthode de Friedel et Crafts.

Préparation du salol à partir du phénol.

Saponification des matières grasses : savons d'empatage et de relargage. Chiffre d'iode de quelques huiles ; acides gras ; préparation des bougies.

Exemples de diazotation et de copulation : préparation de ponceaux et d'orangés ; rouge de primuline et de paranitraniline.

Procédés d'épuisement au moyen de solvants : matières grasses dans un tourteau ; réactions distinctives des huiles industrielles.

Matières sucrées : polarimétrie ; préparation de l'amidon et de la fécule ; gluten.

Nitrocellulose, collodion ; nitroglycérine.

Encres à base de tanin, encres d'aniline, encres grasses : préparation.

Préparation des cirages.

Préparation de matières colorantes appartenant à différents groupes : jaune de Welter, vert malachite, éosine, fuschine, indigo (à partir de l'o. nitrobenzaldéhyde).

Préparation d'un vernis gras : solubilisation du copal et dissolution ; huiles siccatives.

Préparation de quelques matières colorantes minérales : outremer, vert Guignet, bleu de Prusse.

Analyse.

Essai d'un spath fluor.

Analyse d'un minerai d'antimoine ; analyse du régule.

Analyse d'une galène ; analyse d'un plomb pauvre.

Analyse d'une blende et d'une calamine. Essai du zinc considéré comme agent de réduction.

Dosage du chrome dans le fer chromé et les chromates.

Dosage du cuivre dans les minerais et dans les mattes.

Dosage d'un minerai d'étain et de quelques sels.

Analyses d'aciéries.

Analyses de quelques alliages : laiton, maillechort, bronze.

Analyse organique : carbone, hydrogène, soufre, phosphore halogènes, azote ammoniacal, azote nitrique, et azote total.

Analyses agricoles : terres, nitrates, phosphates.

Analyses du vin ; lait, bière et cidre ; farines.

Analyse chimique de l'eau : eaux potables et eaux industrielles.

Matières tannantes : essai.

TROISIÈME ANNÉE

Programme commun.

L'enseignement comprendra la détermination, au laboratoire, de quelques constantes concernant les combustibles, les matériaux de construction et les huiles de graissage, et des données générales sur les générateurs de vapeur (1).

1o *Combustibles:* détermination du pouvoir calorifique; dosage des matières volatiles, dosage du soufre.

Analyse des gaz de générateur et d'une façon générale des combustibles gazeux.

Analyse des fumées. — Mesure des hautes températures: pinces thermo-électriques.

2o *Matériaux de construction:* Essai d'hydraulicité d'une chaux, d'un ciment; confection des briquettes d'essai; mesure de la charge de rupture.

3o *Huiles de graissage:* détermination par comparaison avec une huile type de la valeur lubrifiante d'une huile; persistance du pouvoir lubrifiant.

3' ANNÉE. — 1'' SECTION

Caoutchouc.

A. *1 Cours par semaine* (12 leçons)

PROGRAMME PROPOSÉ

Historique.
Plantes à caoutchouc: Hevea et lianes; centres de production.
Récoltes du latex : coagulation.
Caractère des différentes gommes commerciales.
Gommes: propriétés; action des halogènes; nitrosites; dosage des résines.
Travail mécanique du caoutchouc: déchiquetage.
Vulcanisation: étude des agents de vulcanisation: soufre, sulfure d'antimoine, chlorure de soufre. Conditions pratiques de vulcanisation.
Charge du caoutchouc: étude des matières employées.
Coloration du caoutchouc.
Feuille anglaise.
Caoutchouc régénéré.
Factices, préparation, propriétés.
Objets manufacturés: fabrication des pneus, des tissus imperméables, de la chaussure, des tubes, des tissus élastiques; articles de Paris.
Analyse des caoutchoucs manufacturés.
Sources bibliographiques: publications françaises et étrangères.

B. *Partie expérimentale.*

PROGRAMME PROPOSÉ

Extraction des résines dans la gomme brute.
Préparation d'un nitrosite.

---

(1) Les données générales sur les machines électriques sont données dans le cours de physique industrielle.

Analyse des matières premières utilisées dans l'industrie du caoutchouc (essai de benzine, dosage du soufre dans les agents de vulcanisation, analyse des charges).

Préparation d'un factice : analyse.

Analyse des caoutchoucs manufacturés.

Essai de rupture des fils et des tissus.

Influence de la température, de la vapeur d'eau et de la teneur en soufre sur la vulcanisation.

Essais comparatifs.

Essai de régénération du caoutchouc : étude pratique des régénérés.

3ᵉ ANNÉE. — 2ᵉ SECTION

Papeterie.

A. *1 Cours par semaine* (30 leçons)

PROGRAMME PROPOSÉ

Fabrication de la cellulose par la plante; déshydratation successive de la cellulose dans l'organisme végétal.

Propriétés hygrométriques : taux de reprise des pâtes à papier.

Gélatinisation de la cellulose par les solutions de sels métalliques; pseudo-solution, Glanzstoff.

Action des alcalis et des acides sur la cellulose : mercerisage; soie de viscose; hydrocelluloses; sulfates et nitrates de cellulose; soie de Chardonnet; celluloïd, pegamoïd.

Oxycelluloses : action des chlorures décolorants sur la cellulose.

Celluloses; lignocelluloses, réactions caractéristiques; méthodes d'isolement de la cellulose; pecto et adipocelluloses.

Étude des fibres de coton, de lin, de chanvre, de sparte, de phormium, de jute, de ramie, d'alfa et de rafia.

Papier de chiffons : lessivage, raffinage, blanchiment.

Papier de pâte de bois chimique : méthode alcaline et méthode au bisulfite; préparation des solutions bisulfitiques. — Étude des lessives usées; blanchiment par les chlorures décolorants et par l'électrolyseur Hermitte.

Papier de pâte de bois mécanique.

Papier de paille, cuisson alcaline (chaux, soude), blanchiment.

Des différents types de papier : 1° papiers opaques : papier collé et non collé. Matières d'encollage; charge du papier. — 2° Papiers transparents : papier parchemin et papier décalque; fabrication.

Coloration des papiers.

Analyse chimique des papiers : recherche des fibres constituantes (pâte de bois mécanique, sparte, paille, etc.). Examen microscopique; détermination de la charge et de la matière colorante; détermination de la matière d'encollage.

Essais physiques des papiers : poids, épaisseur, essais de rupture et d'élasticité, degré d'encollage.

Sources bibliographiques : publications françaises et étrangères.

B. *Partie expérimentale.*

PROGRAMME PROPOSÉ

Détermination de la teneur en eau d'une pâte de papier, préparation de l'alcali-cellulose, solution de viscose; mercerisage du coton, préparation des oxycelluloses et des hydrocelluloses.

Etude des pailles :
  Matières pectiques, chiffre de furfural, essai de chloruration, détermination de la teneur en méthoxy ; analyse des cendres.
Fabrication du papier de paille :
  Rendement des différentes pailles en pâte à papier.
  Rendement d'une même paille suivant son état de dessiccation.
  Rendement d'une même paille suivant le pays de culture.
  Etude de la cuisson alcaline : influence de la nature et de la quantité de base employée ; influence de la température et de la durée de chauffe ; essais comparatifs.
  Encollage ; coloration, essai de résistance à la lumière.
Fabrication du papier de chiffons :
  Lessivage : influence de la température, de la concentration des lessives et de la durée de chauffe.
  Raffinage.
  Blanchiment : influence de la température, de la concentration des solutions et de la durée du blanchiment.
  Dosage de la cellulose dans la pâte blanchie.
  Encollage et coloration ; essai de résistance à la lumière.
Fabrication du papier à la pâte de bois chimique :
  Rendement des différents bois en pâte à papier.
  Rendement d'un même bois suivant son état de dessication.
  Traitement au bisulfite, influence de la température, de la concentration de la lessive et de la durée de chauffe.
  Dosage de l'azote et de la potasse dans les lessives usées.
  Blanchiment : influence de la température, de la concentration des solutions, et la durée du blanchiment.
  Dosage de la cellulose dans la pâte blanchie. Encollage et coloration.
Analyses chimiques et essais physiques des papiers.

3ᵉ ANNÉE. — 3ᵉ SECTION

Teinture des filés laine et soie.

A. Un Cours par semaine (30 leçons)

PROGRAMME PROPOSÉ

Etude des fibres :
  Laine, action des bases, des acides et des sels ; laine chlorée.
  Différentes variétés de laine, utilité des mélanges pour la tapisserie
  Dessuintage de la laine, filature et dégraissage.
  Soie : action des bases, des acides et ces sels.
  Soies commerciales.
  Décreusage de la soie, blanchiment.
Teinture proprement dite :
  L'eau en teinturerie.
  Conditions générales de bonne teinture ; appareils pour la teinture des filés.
  Essai des matières colorantes artificielles : couleurs simples et couleurs par mélange. Charge des couleurs. Pouvoir colorant.
  Extraits tinctoriaux et extraits tannants : fabrication. Variation de composition des extraits commerciaux.
  Etude des mordants : rôle du mordançage en teinture.

Couleurs aux bois et extraits, couleurs acides, couleurs phénoliques, couleurs basiques, couleurs à mordants.

Influence de la concentration des bains, de la température.

Rôle en teinture du sulfate de soude, du sel marin, des acétates, etc.

Épuisement des bains : prix de revient des teintures.

Résistance à la lumière (et au savon pour la laine) des couleurs fixées sur filés.

Choix des colorants pour tapisserie proprement dite, et tapis mécaniques.

Échantillonnage : loi du contraste des couleurs.

Sources bibliographiques : publications françaises et étrangères.

B. *Partie expérimentale.*

PROGRAMME PROPOSÉ

Analyse des matières premières employées en teinturerie.

Préparation des mordants usuels : mordant d'étain, rouil.

Mordançage : détermination de la quantité de mordant fixé sur les fibres. Étude comparative des différents procédés d'obtention de la laine chromée.

Teinture avec les différents colorants naturels : cochenille, bois jaune, campêche et carmin d'indigo.

Bleu de Prusse.

Teinture avec les couleurs acides : emploi des différents sels, sulfate, acétate de soude.

Couleurs phénoliques, couleurs basiques, influence des différents sels sur l'obtention de nuances unies.

Production des nuances modes les plus courantes en tapisserie : verdure et personnages.

Échantillonnage : étude de la loi de contraste par l'emploi de lumière monochromatique. Échantillonnage à la lumière solaire et à la lumière artificielle.

Recherche de la nature d'une couleur fixée sur fibre.

Essai de résistance à la lumière (et au savon pour les filés laine) des différentes matières colorantes.

Étude des différents colorants au point de vue de l'épuisement des bains de teinture.

Répartition des Cours et Travaux pratiques.

NOMBRE D'HEURES de manip. par semaine	ÉLÈVES RÉGULIERS	HEURES DES MANIPULATIONS	COURS OBLIGATOIRES
30 heures.	1re Année.	Tous les jours, sauf le samedi soir, de 9 h. à 12 h. 1 h. 1/2 à 5 h.	Chimie P. C. N. 2 h. Chimie indust.. 2 h. Analyse........ 1 h.
31 heures.	2e Année.	Idem.	Chimie indust.. 2 h. Analyse........ 1 h. Physique indus. 1 h.
42 heures.	3e Année.	Tous les jours, sauf le samedi soir, de 8 h. à 12 h. 1 h. 1/2 à 5 h. 1/2	Cours relatifs à chaque section. 1 h. Physique indus. 1 h.

Élèves bénévoles et chercheurs.

Les personnes désirant suivre l'enseignement de 3e année, pour une section déterminée, seront assimilées complètement aux élèves réguliers de 3e année.

Les personnes désirant effectuer des recherches industrielles (chercheurs) seront admises au laboratoire de 3e année moyennant une rétribution déterminée (voyez ci-dessous). — Sur la proposition des membres fondateurs, les chercheurs pourront être exonérés de tout droit.

Frais d'Études.

Ces frais d'études comprennent les frais de transport occasionnés par les visites d'usines, pour les étudiants réguliers et bénévoles.

Elèves réguliers 1re et 2e Année.	Droit d'immatriculation.............. .. 20	TOTAL	520
	4 droits de laboratoire à 125 fr...... 500		
Elèves réguliers 3e Année.	Droit d'immatriculation 20		
	4 droits de laboratoire à 125 fr...... 500		
	1 diplôme de chimiste..... 30		550
Bénévoles.	Droit d'immatriculation 20		
	4 droits de laboratoire à 125 fr...... 500		
	1 certificat de fin d'année........... 30		550
Chercheurs.	Droit de laboratoire, 50 fr. par mois.